BEI GRIN MACHT SICH IHR WISSEN BEZAHLT

Bibliografische Information der Deutschen Nationalbibliothek:

Die Deutsche Bibliothek verzeichnet diese Publikation in der Deutschen National-
bibliografie; detaillierte bibliografische Daten sind im Internet über http://dnb.d-
nb.de/ abrufbar.

Impressum:

Copyright © 2016 GRIN Verlag, Open Publishing GmbH
Druck und Bindung: Books on Demand GmbH, Norderstedt Germany
ISBN: 978-3-668-17132-9

Dieses Buch bei GRIN:

http://www.grin.com/de/e-book/317613/bericht-ueber-unterschiede-bezueglich-
der-gedaechtnisleistung-juengerer

Alexander Kolotow

Bericht über Unterschiede bezüglich der Gedächtnisleistung jüngerer und älterer Mitarbeiter im eigenen Unternehmen

GRIN Verlag

GRIN - Your knowledge has value

Der GRIN Verlag publiziert seit 1998 wissenschaftliche Arbeiten von Studenten, Hochschullehrern und anderen Akademikern als eBook und gedrucktes Buch. Die Verlagswebsite www.grin.com ist die ideale Plattform zur Veröffentlichung von Hausarbeiten, Abschlussarbeiten, wissenschaftlichen Aufsätzen, Dissertationen und Fachbüchern.

Besuchen Sie uns im Internet:

http://www.grin.com/

http://www.facebook.com/grincom

http://www.twitter.com/grin_com

Bericht über einen Unterschied bezüglich der Gedächtnisleistung jüngerer und älterer Mitarbeiter. Am Beispiel des eigenen Unternehmens.

von Alexander Kolotow

Europäische Fernhochschule Hamburg
– Studiengang Betriebswirtschaft und Wirtschaftspsychologie -

Hausarbeit zum Modul „Forschungsmethoden und Statistik"

05.01.2016

Zusammenfassung

Die nachfolgende Hausarbeit beschäftigt sich mit der Fragestellung, inwiefern das Alter einen Einfluss auf die Gedächtnisleistung ausübt.

Überprüft wurde die Annahme anhand von Daten, die durch ein psychologisches Testverfahren ermittelt wurden, das die Gedächtnisleistung messen soll. In einem Unternehmen nahmen 70 Mitarbeiter an diesem Vorhaben teil. Sie wurden jeweils in zwei Gruppen gleichverteilt.

In zwei Altersklassen die eine Gruppe "Jung" beinhaltet Mitarbeiter im Alter von 18-49 Jahren und die andere Gruppe "Alt" beinhaltet Mitarbeiter im Alter von 50-69 Jahren. Der Unterschied besteht darin, dass sich das Alter zwischen den Gruppen unterscheidet bei der Bewältigung der Aufgaben des Tests.

Unternehmensintern wird vermutet und erwartet, dass die Mitarbeiter aus der Gruppe "Alt" schlechter abschneiden, als die Mitarbeiter aus der Gruppe "Jung".

Inhaltsverzeichnis

Abbildungsverzeichnis

1. Einleitung und Hypothesenpaare

in der nachfolgenden Untersuchung soll erforscht werden, ob es einen signifikanten Unterschied gibt hinsichtlich der Gedächtnisleistung jüngerer und älterer Mitarbeiter innerhalb eines Unternehmens. Im nachfolgenden Abschnitt wird der aktuelle Forschungsstand bezüglich des Gedächtnisses näher erläutert.

1.1 Theoretische Annahmen

1.1.1 Funktionen des Gedächtnisses

Das Gedächtnis wird als Fähigkeit, Informationen abzuspeichern und abzurufen, verstanden. Es gibt verschiedene Gedächtnisformen, das implizite Gedächtnis ermöglicht die Abrufung von gespeicherten Informationen ohne bewusste Anstrengung. Zum Beispiel fällt uns ohne weiteres auf, dass ein Pferd nichts in der Küche verloren hat. Das explizite Gedächtnis ermöglicht durch bewusste Anstrengung, den Abruf gespeicherter Informationen. Zum Beispiel müssen wir uns bewusst anstrengen und überlegen was alles auf einer Party nicht fehlen darf.

Die Erinnerungen an Fakten und Ereignisse beziehen sich auf das deklarative Gedächtnis. Das prozedurale Gedächtnis verleiht die Fähigkeit zu behalten wie Dinge getan werden. Hierbei werden perzeptuelle, kognitive und motorische Fertigkeiten erlernt und aufrechterhalten.

Nachdem wir einen groben Überblick über die Gedächtnisformen erhalten haben, widmen wir uns nun den nötigen mentalen Prozessen, um Wissen abrufen zu können. Die Enkodierung findet als Erstes im Gedächtnis statt, indem wir uns eine mentale Repräsentation erschaffen d.h wir merken uns wie z.B ein Objekt aussieht, um es beschreiben zu können. Hier bilden wir unsere mentale Repräsentation ab. Mittels Speicherung sind wir in der Lage, diese enkodierten Informationen über einen gewissen Zeitraum abzuspeichern wie z.B das Sichmerken wie ein Objekt aussieht. Durch den mentalen Prozess des Abrufs sind wir fähig uns an abgespeicherte Informationen zu erinnern bzw. sie wiederherzustellen.

Das Kurzzeitgedächtnis, welches in dieser Untersuchung erforscht wird, hat die Eigenschaft sich ca. 7 Dinge zu merken, wenn diese nicht wiederholt werden verschwinden diese direkt wieder aus dem Gedächtnis. (Zimbardo & Gerrig, 2008, S. 232-239)

1.1.2 Verschlechterung der prospektiven Gedächtnisleistung bei Älteren

Laut einer Studie (zitiert nach Kliegel, Matthias, et al. "Komplexe prospektive Gedächtnisleistung im Alter".*Zeitschrift für Entwicklungspsychologie und Pädagogische Psychologie* 35.4 (2003): 212-220.) hatten ältere Probanden, im Vergleich zu jüngeren, deutlich mehr Schwierigkeiten die Aufgaben zu bewältigen, die prospektives (vorausschauendes) Planen erfordern. Die jüngeren Probanden hatten in dieser Studie einen signifikanten Vorteil, hinsichtlich prospektiver Performanz.

Zwei Erklärungsansätze haben sich herauskristallisiert. Es wird angenommen, dass ältere Teilnehmer eine mangelnde Salienz entwickeln d.h ein Reiz (z.B anstehender Termin mit einer Person) verliert an Bedeutsamkeit und ist somit demjenigen weniger bewusst. Darüberhinaus konnte festgestellt werden, dass ältere Teilnehmer ihre Absichten und Vorhaben schlechter planen als jüngere.

1.2 Fragestellung

Im vorliegenden Fall soll für eine Personalberatungsfirma mit 70 Mitarbeitern untersucht werden, ob sich die Gedächtnisleistung, zwischen jungen und älteren Mitarbeitern, signifikant unterscheidet.

Die Altersstruktur ist durchmischt und alle Mitarbeiter bearbeiten ähnliche Aufgaben wie Kundenakquise, Auftragsbearbeitung und Einstellung neuer Mitarbeiter beim Kunden.

Grund zur Annahme lieferten Kunden, die sich über bestimmte Mitarbeiter beschwerten, da sie z.B Termine vergaßen. Auffallend war, dass es überwiegend ältere Mitarbeiter waren die sich mit Vergesslichkeit bekleckerten, deshalb wird vermutet, dass es einen Unterschied gibt hinsichtlich der Gedächtnisleistung jüngerer und älterer Mitarbeiter. Aus diesem Grund wurde ein psychologisches Testverfahren in die Wege geleitet, um den Einfluss des Alters auf die Gedächtnisleistung zu ermitteln.

Es wurden zwei Altersgruppen eingeteilt, die in der nachfolgenden Analyse untersucht werden.

Die eine Gruppe (Älter) beinhaltet Mitarbeiter die zwischen 50-69 Jahre alt sind. Die andere

Gruppe (Jünger) beinhaltet Mitarbeiter die zwischen 18-49 Jahre alt sind. Dementsprechend werden in der Gruppe (Älter) die Gedächtnisaufgaben aus dem Testverfahren von Mitarbeitern erledigt, die schon mehr Jahre auf dem Buckel haben, als die Mitarbeiter aus der Gruppe (Jünger), die dieselben Aufgaben bearbeiten müssen, aber deutlich frischer sind als ihre Arbeitskollegen und somit bessere Gedächtnisleistungen vorweisen sollten, soweit die Erwartung in diesem Forschungsbericht.

Darüberhinaus sollte darauf eingegangen werden, ob die Stichprobe repräsentativ ist in Bezug auf die Geschlechterverteilung. In die Ermittlungen sollte miteinfließen, ob sich das Geschlecht in beiden Gruppen gleichverteilt, da das Geschlecht eine Störvariable sein könnte, die das Ergebnis beeinflusst, deshalb muss diese im Optimalfall in den Gruppen konstant gehalten werden.

1.3 Hypothesenpaar

Aus dem vorigen Abschnitt lassen sich nun folgende Hypothesen ableiten.

1. Unterschied der Gedächtnisleistungen

Nullhypothese (H0): Das Alter hat **keinen** signifikanten Effekt auf die Gedächtnisleistung.

Alternativhypothese (H1): Das Alter hat **einen** signifikanten Effekt auf die Gedächtnisleistung.

2.Methode

2.1 Durchführung

Das Experiment wurde im Rahmen eines psychologischen Testverfahren durchgeführt, welches die Gedächtnisleistung messen soll. Es wurden zwei verschiedene Altersgruppen eingeteilt, die nachträglich analysiert und untersucht werden.

Gruppe „Älter" beinhaltet Mitarbeiter die zwischen 50-69 Jahre alt sind.

Gruppe „Jünger" beinhaltet Mitarbeiter die zwischen 18-49 Jahre alt sind.

Der einzige Unterschied der hinsichtlich der Gruppen besteht ist der, dass in der Gruppierung „Älter" Mitarbeiter den Test durchführen, die etwas mehr Jahre Lebenserfahrung vorzuweisen haben und in der Gruppierung „Jünger" befinden sich Mitarbeiter, die noch relativ wenig Berufserfahrung haben.

2.2 Variablen

Die Variablen „Alter" und „Gedächtnisleistung" werden in diesem Experiment erforscht. Die Variable „Alter" stellt hier die unabhängige Variable dar, da sie nicht beeinflusst wird, sondern eventuell einen Einfluss bzw. Effekt auf die abhängige Variable „Gedächtnisleistung" ausübt, in- dem sie systematisch variiert wird. Beim Alter handelt es sich um eine dichotome Variable d.h entweder/oder. Entweder die Versuchsperson befindet sich in der Altersklasse 1 (50-69 Jahre), oder in der Altersklasse 2 (18-49 Jahre). Darüberhinaus ist sie manifest d.h direkt beobachtbar oder messbar. Sie ist dementsprechend auf der Nominalskala zu messen.

Die Variable „Gedächtnisleistung" stellt eine kontinuierliche Variable dar, da sie stufenlos messbar ist, allerdings ist sie latent d.h die Variable muss zunächst einmal messbar gemacht werden, wie in diesem Fall mittels psychologischem Testverfahren, welches eine Erschließung der Gedächtnisleistung ermöglicht. Wie oben bereits erwähnt, ist die Variable „Gedächtnisleistung" eine abhängige, da sie als Effekt der unabhängigen Variable „Alter" gemessen wird. Sie ist auf der Intervallskala zu messen. Da es bei dieser Untersuchung, um einen Mittelwertsunterschied der Gedächtnisleistungen zwischen beiden Altersgruppen geht, bedienen wir uns dem Between-subject-Design.

2.3 Methode zur Prüfung der Hypothesen

Unterschied Gedächtnisleistungen

Um herauszufinden, ob die unabhängige Variable „Alter" einen signifikanten Effekt auf die abhängige Variable „Gedächtnisleistung" hat und somit ein signifikanter Unterschied zwischen den beiden Altersgruppen besteht, hinsichtlich ihrer Gedächtnisleistung, so sollte der t-Test bei zwei unabhängigen Stichproben gewählt werden. Da hier zwei Gruppen in ihrer Gedächtnisleistung getestet werden und beide Ergebnisse voneinander unabhängig sind. Es wird geprüft, ob die mittlere Gedächtnisleistung der Gruppe „Jung" signifikant höher ist, als die mittlere Gedächtnisleistung von Gruppe „Alt".

3. Ergebnisse

3.1 Kennwerte und grafische Darstellung

Allgemeine Kennwerte zu den Gedächtnisleistungen	Altersgruppe „Jung"	Altersgruppe „Alt"
Standardabweichung	5,3	5,33
Mittelwert	14,87	11,63
Varianz	28,1	28,43
Median	16,8	12,7
Modalwert	19	3,2
Minimum	1,9	2
Maximum	20	20
Interquartilsabstand	9,1	8,7
Spannweite	18,1	18

Abbildung 3.1.: Allgemeine Kennwerte zu den Gedächtnisleistungen
(Quelle: Eigene Darstellung)

Der Median ergibt sich aus dem mittleren Wert, der zustande kommt, wenn alle Ergebnisse des Tests der korrekten Reihenfolge nach aufgeschrieben werden würde. Der Modalwert ist der in der Verteilung am Häufigsten vorkommende Wert. Die Spannweite kommt zustande, indem der höchste Wert vom niedrigsten Wert subtrahiert wird (Max-Min). Der Interquartilsabstand ergibt die Differenz zwischen dem 75%-Quartil und dem 25%-Quartil. Q3-Q1, 3=75% und 1=25%.

Ein Blick auf die Boxplots veranschaulicht unverzerrt die Lage- und Streuungsmaße der Gedächtnisleistungen. Die grünen Felder zeigen das 75%-Quartil an und die gelben Felder das 25%-Quartil, die gesamte Fläche, die farblich markiert ist zeigt 50% der Daten an. Die Linie die Grün von Gelb trennt ist der Median. Wenn wir die Boxen miteinander vergleichen fällt uns auf, dass der Abstand vom Median zum unteren Quartil hin deutlich größer bei Gruppe „Jung" ist, als bei der Gruppe „Alt", denn hier sind die Abstände vom Median zu den Quartilen hin relativ ausgeglichen. Die Abweichungen Auf und Unter den Quartilen sind bei beiden Gruppen beinahe identisch.

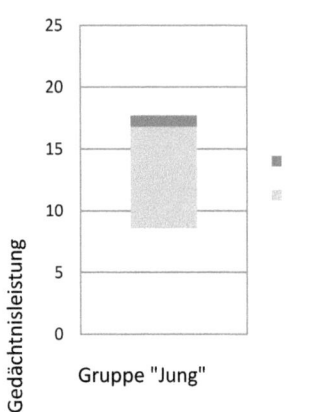 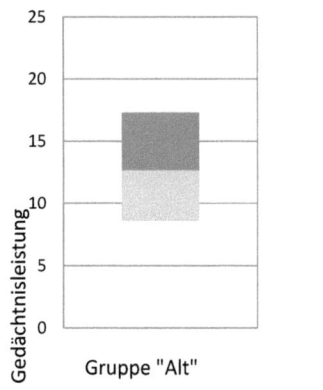

Abbildung 3.2.: Boxplots zu „Jung" und „Alt"
(Quelle: Eigene Darstellung)

Darüberhinaus veranschaulicht die untenstehende Grafik noch einmal den Mittelwertunterschied mit der dazugehörigen Standardabweichung. Die Gruppe „Jung" hat einen etwas höheren Mittelwert, als die Gruppe „Alt".

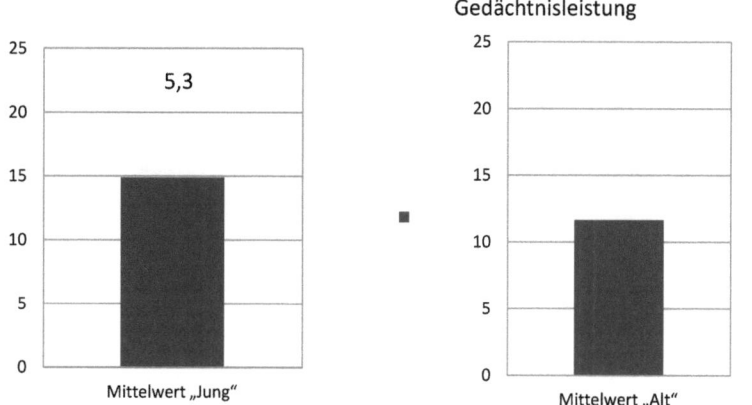

Abbildung 3.3.: Mittelwerte der Gedächtnisleistungen von „Jung" und „Alt"
(Quelle: Eigene Darstellung)

Die Darstellungen zeigen, dass es hinsichtlich der Kennwerte kaum bis keine Unterschiede gibt, nur der Mittelwert, Modalwert und Median unterscheiden sich von beiden Gruppen, deshalb muss im nächsten Schritt geprüft werden, ob dieser Unterschied signifikant ist, oder einfach durch Zufall entstanden.

In der untenstehenden Abbildung ist die Geschlechterverteilung innerhalb der Gruppe „Jung" und „Alt" zu sehen. Es ist sichtbar, dass die Gruppe „Alt" nicht ganz gleichverteilt ist. Pro Gruppe sind 35 Versuchspersonen bzw. Teilnehmer. Die blau-markierten Balken sind männliche Teilnehmer und die orange-markierten Balken sind weibliche Teilnehmer.

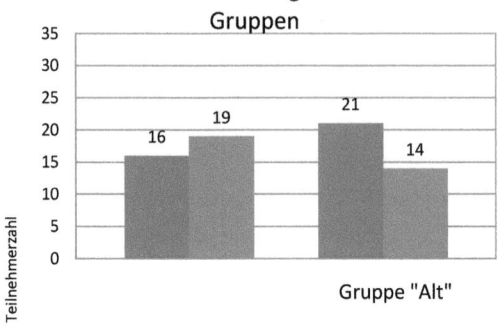

Abbildung 3.4.: Geschlechterverteilung innerhalb der Gruppen
(Quelle: Eigene Darstellung)

3.2 Prüfung eines Unterschieds zwischen den Gedächtnisleistungen

Im nächsten Schritt soll geprüft werden, ob der dargestellte Mittelwertunterschied signifikant ist und wir die Nullhypothese die annimmt, dass dieser Unterschied nur zufällig zustande kam, ausschließen können.

Der Unterschied zwischen zweier Mittelwerte ist umso signifikanter, desto geringer die Streuung um den Mittelwert ist. Aus diesem Grund muss dieser Mittelwertsunterschied an den Streuungen bei den Mittelwerten relativiert werden. Hierfür bedient man sich am Standardfehler des Mittelwertsunterschied. So kommen wir zu unserer Formel für den t-Test.

$$t = \frac{\overline{\chi}_A - \overline{\chi}_B}{\hat{\sigma}_{\chi_A - \chi_B}}$$

Abbildung 3.5.: Formel für den t-Test bei zwei unabhängigen Stichproben.
(Quelle: Schäfer, 2013c, S.12)

Die t-Test Formel gilt für gleiche Stichprobengrößen n ist in beiden Gruppen 35. Der **empirische** t-Wert liegt bei 2,54. Demnach unterscheiden sich nach Beobachtung aller

Störfaktoren die Mittelwerte um 2,54. Zur Erinnerung die Nullhypothese nimmt an, dass beide Mittelwerte gleich sind (H0: X1=X2).

Im Anschluss vergleichen wir unseren gefunden empirischen t-Wert mit dem kritischen t-Wert aus der Verteilung. Unser errechneter t-Wert müsste absolut größer sein, als der kritische t-Wert, damit das Ergebnis als signifikant gilt und wir die Nullhypothese verwerfen können.

Hierfür benötigen wir die Freiheitsgrade, um in der t-Verteilung den entsprechenden Wert zu finden.
Dieser beträgt df=35+35-2=68. Außerdem brauchen wir das Signifikanzniveau d.h wie hoch ist die Wahrscheinlichkeit, dass wir uns in unserem Signifikanztest irren. Standardmäßig wird von 5% ausgegangen. Die Fläche liegt also bei 0,975 d.h wir müssen den kritischen t-Wert der t-Verteilungstabelle entnehmen bei 0,975 und df=68 ergibt sich ein Wert von 1,99.

Der empirische t-Wert beträgt 2,54 und ist somit außerhalb des Intervalls der Nullhypothese (-1,99 bis 1,99). Wir können aus dem Grund die Nullhypothese verwerfen und die Alternativhypothese, dass das Alter einen signifikanten Effekt auf die Gedächtnisleistung hat, annehmen.

4.Diskussion

4.1 Diskussion der Methode

Um die Qualität der Messungen bewerten zu können sollten die Gütekriterien herangezogen werden.

Die Objektivität ist in diesem Verfahren gegeben, denn die Herangehensweise und die Ergebnisse sind nicht vom Testleister abhängig, weder das psychologische Testverfahren noch die Einteilung der Altersgruppen bieten subjektiven Spielraum. Auch bei der Gleichverteilung des Geschlechts dürften sich die Ergebnisse von Testleiter zu Testleiter nicht unterscheiden. Allerdings gab es in der Gruppe „Alt" eine relativ große Abweichung zwischen den Geschlechtern, eventuell gibt es hier einen signifikanten Mittelwertsunterschied zwischen den Geschlechtern, aber die Fragestellung aus der Aufgabenstellung gibt vor nur die Variable

„Alter" als potenzieller Einfluss auf die Variable „Gedächtnisleistung" zu untersuchen. Die Variable „Geschlecht" wird hier nur als Störfaktor deklariert und nicht weiter untersucht.

Als nächstes sollte geklärt werden wie genau der Test, das messen kann, was er messen soll? Die Frage bezieht sich auf die Reliabilität. Sie gewährleistet, dass die Ergebnisse immer dieselben sind unabhängig von Zeit, Varianten und Anwender. Allerdings wurde in unserem Test weder ein Retest eingeführt, der zu einem späteren Zeitpunkt noch einmal die Gedächtnisleistungen misst, da hier auch die Tagesform, Bereitschaft und Motivation eine Rolle spielen kann, noch wurde eine andere Variante angewandt.

Zuletzt sollte die Validität geklärt werden. Wie gut wurde das zu messende Merkmal gemessen? In unserem Test ist die Gültigkeit gegeben, denn das Alter und auch die Gedächtnisleistung wurden weitestgehend exakt gemessen. Beim erfassen des Alters gibt es keine Ausrutscher (entweder/oder) und auch beim Erfassen der Gedächtnisleistungen wurde präzise die Leistung des Kurzzeitgedächtnisses erfasst, sofern ich als Student dem Testverfahren vertrauen kann. Wovon ich ausgehen muss. Denn eine genaue Aufschlüsselung über das Verfahren liegt mir nicht vor.

Zusammenfassend betrachtet handelt es sich damit um eine angemessene Qualität der Messungen,
allerdings muss gesgat werden was heute noch an Gültigkeit besitzt, kann in 5 Jahren oder weniger schon wieder ganz anders aussehen, gerade bei der Gedächtnisleistung lässt sich in beide Richtungen schrauben und der sogenannte Übungseffekt kann eintreten und die Leistungen verbessern. Darüberhinaus sollte man die Teilnehmer bzw Mitarbeiter nicht darüber aufklären worüber es in diesem Test geht und vorallem keine Möglichkeit bieten sich darauf vorzubereiten.

4.2 Diskussion der Ergebnisse

Nach näherer Betrachtung der Kennwerte und der Boxplots lässt sich schon erkennen, dass die Mittelwertsunterschiede zwischen den Gruppen signifikant sein werden, da die Streuung und Standardabweichung um die Mittelwerte bei beiden gleich ist. Der anschließende Signifikanztest in Form von einem t-Test untermauert die Vermutung und darüberhinaus die Befunde die aus der Literaturrecherche hervorgehen (Kliegel, Matthias, et al. "Komplexe prospektive Gedächtnisleistung im Alter".*Zeitschrift für Entwicklungspsychologie und Pädagogische Psychologie 35.4 (2003): 212-220.).*

In Bezug auf die ursprüngliche Fragestellung kann also bestätigt werden, dass das Alter einen signifikanten Einfluss auf die Gedächtnisleistung hat.

4.3 Ausblick

Für zukünftige Forschungen wäre es sicherlich interessant, ob das Geschlecht in Bezug auf die Gedächtnisleistung eine Rolle spielen könnte und ob die anderen Störvariablen wie Tagesform, Bereitschaft und Motivation die Gedächtnisleistung signifikant beeinflussen, denn dann könnten wir eventuell diese als potenziellen Einfluss auf die Gedächtnisleistung betrachten und nicht unbedingt, das Alter. Summa Summarum hängt die Gedächtnisleistung von mehreren Faktoren ab als dem Alter. Außerdem haben wir mehrere Möglichkeiten bis ins hohe Alter bestimmte Maßnahmen zu ergreifen, die uns ermöglichen geistig fit zu bleiben und das altersunabhängig.

Die Rede ist von wissenschaftlich erprobten Methoden, die helfen die Gedächtnisleistung zu verbessern. Eine davon ist das elaborierende Wiederholen (Zimbardo & Gerrig, 2008, S. 254) im Volksmund besser bekannt als Eselsbrücken bauen. Es geht darum Assoziationen zu verbinden durch eine kleine Story, die man sich besser merken kann, als z.B zwei bedeutungslose Wörter. Dazu gehört auch die Mnemotechnik die eine „mentale Strategie" (Zimbardo & Gerrig, 2008, S. 254) heranzieht. Hier werden mehrere Fakten mit bereits bekannten Informationen gepaart. Hierbei gibt es die „Methode der Orte" bei der man die Fakten mit Orten verbindet, die einem bekannt sind, oder die „Wäscheleinemethode" bei der man die Fakten mit Hinweisreizen paart.

Literaturverzeichnis

Kliegel, Matthias, et al. "Komplexe prospektive Gedächtnisleistung im Alter".Zeitschrift für Entwicklungspsychologie und Pädagogische Psychologie 35.4 (2003): 212-220.

Schäfer, T. (2013a). Deskriptive und explorative Datenanalyse. Studienheft FOST 2/H (0313 K04). Hamburg: Euro-FH

Schäfer, T. (2013b). Inferenzstatistik I. Studienheft FOST 3/H (0313 K03). Hamburg: Euro-FH

Schäfer, T. (2013c). Inferenzstatistik II und qualitative Methoden. Studienheft FOST 4N/H (0613 K03). Hamburg: Euro-FH

Schäfer, T.. (2012). Erkenntnisgewinnung und Datenerhebung in der Psychologie. Studienheft FOST 1/H (0912 K03). Hamburg: EuroFH.

Zimbardo, P. G. & Gerrig, R. J. (2008). Psychologie (18. Auflage). München: Pearson Studium